Morchel

Simon Drabosenig
Günter Mischkulnig

Mit Illustrationen von
Linda Wolfsgruber

mandelbaums *kleine gourmandisen*
N° 012

www.mandelbaum.at
ISBN 978-3-85476-532-5

1. Auflage 2017
Lektorat: Inge Fasan
Satz und Umschlaggestaltung: Michael Baiculescu
Illustrationen: Linda Wolfsgruber
Druck: Donau Forum Druck, Wien

DAS GOLD DES WALDES

Warum wir gerade die Morchel als ersten Pilz in der Reihe der *kleinen gourmandisen* ausgewählt haben? Das liegt unter anderem an unserer Faszination für diese Pilze, die durch ihre perfekte Tarnung, kaum vorhersehbare Fundorte und kurze Sammelzeit gekennzeichnet sind. Kulinarisch überzeugt die Morchel durch einen außergewöhnlich feinen Pilzgeschmack mit zarten nussigen Aromen.

Auf der kulinarischen Spurensuche, auf die wir uns in diesem Büchlein begeben wollen, lösen wir so manches Rätsel bei der Pilzsuche, klären über Doppelgänger der Morchel auf und liefern hilfreiche Tipps für Kauf, Handhabung und Zubereitung. Doch eines sei gleich vorweggenommen: Am besten ist es natürlich, sich selbst auf die Suche nach frischen Morcheln zu begeben, nicht umsonst gebührt ihnen der Titel »Gold des Waldes«. Der rührt einerseits von ihrer Seltenheit her und andererseits vom hohen Preis, den man für sie bezahlen muss. Schließlich haben die Morcheln in der Kulinarik einen ähnlich aristokratischen Stellenwert wie Trüffeln.

VON ZWEIEN, DIE AUSZOGEN, DIE MORCHEL ZU SUCHEN

Vieles hinterlässt Spuren, manche sind gleich sichtbar, bei anderen muss man erst genauer hinsehen. Auf einer Spurensuche bekommt man im Laufe der Zeit ein trainiertes Auge für Umwelt und Natur. So gelingt es auch – mit etwas Übung – versteckte Pilze auf verschlungenen Waldpfaden oder in lichten Laubwäldern zu finden. Morcheln sind ein Paradebeispiel für die Faszination am Verborgenen. Wir wollen uns mit allen Sinnen auf eine Suche nach diesen seltsamen wabenartigen Pilzen begeben.

Friesach in Kärnten kann als Ausgangspunkt für unsere Morchel-Expedition gesehen werden. Nicht nur weil wir beide aus diesem südlichen österreichischen Bundesland stammen, sondern weil einer von uns einst zur Osterzeit im nahen Friesacher Wald auf eine Überraschung stieß. Hier, auf 634 Metern Seehöhe, wo es kaum noch Laub- und Mischwälder gibt und schon gar keine Auwälder sprießen, in denen die Morcheln bevorzugt gedeihen, wartete ein reicher Fund in Form einer ganzen Tasche voller Speisemorcheln bester Qualität, gesammelt in nur zwanzig Minuten. Eine Woche später war der Zauber jedoch vorbei. Nur noch eine Reihe von ausgewachsenen, alten und nicht mehr essbaren Morcheln war dort zu finden. Dennoch erwiesen sich diese ersten Funde als sehr hilfreich, zumal die überreifen, gelb leuchtenden und damit gut sichtbaren Pilze Plätze anzeigten, die man in den folgenden Jahren zur passenden Jahreszeit zumindest ansteuern konnte.

In Friesach gibt es aber nicht nur ungewöhnliche Morchelfunde, sondern auch alte Traditionen, in denen Pilze eine Rolle spielen. Am Karsamstag – also ebenfalls zu Ostern, der Morchel-Hochzeit –, wurden Zunderschwämme (das sind Pilze, die auf abgestorbenen Laubbäumen wachsen) für die Feuerweihe verwendet.

Vor Jahrzehnten war es üblich, dass fast jeder Kirchenbesucher sein getrocknetes Exemplar zur Feuerweihe mitbrachte. Der Schwamm wurde auf einem starken Draht befestigt, und man ließ den glosenden Pilz im Kreis rotieren, damit dieser durch den Luftzug Feuer fange. Heute werden eher Holz oder Glut verwendet, um das geweihte Feuer mit nach Hause zu tragen – schade eigentlich, denn vielleicht ließen sich die Morcheln ja mit den Zunderschwämmen locken. Einige Arten gelten nämlich als äußert launenhaft, was ihre Standorte betrifft. Man kann beispielsweise bei einem Verdauungsspaziergang zur Mittagszeit im Wiener Donaupark fündig werden. Unterhalb des Donauturmes wurden die bepflanzten Flächen vor dem Winter dick mit Rindenmulch bedeckt. An einem herrlich warmen Frühlingstag fanden sich dort tatsächlich einige Kilogramm an Morcheln. Dies wiederholte sich in den Jahren darauf leider nicht mehr.

Dasselbe einmalige Phänomen kann mitunter auch im eigenen Garten auftreten, je nachdem ob der in Beeten aufgebrachte Mulch Morchel-Myzel in sich trägt oder nicht.

»Viel und mancherlei Schwämme wachsen in Deutschen Landen.

Die besten von allen sind die, so im Aprillen bis zum Anfange des Mai in etlichen Grasgärten, bei den alten Obstbäumen, nicht weit von den Wurzeln, gesehen werden.

Die Form dieser Schwämme ist rund als ein Hütlien, auswändig voller Löchlein

gleichwie der Honigrasen oder der Bienen Häuslein anzusehen von Farbe ganz grau.

Gemeldete Schwämme verwelken und verdorren im Maien und werden außer der Zeit im ganzen Jahr nicht mehr gesehen.«

(Aus einem alten Kochbuch, Autor unbekannt)

Die historische Spurensuche nach Morcheln beginnt bereits in der Antike. So waren Morcheln schon bei den Römern sehr geschätzt. Der römische Kaiser Nero nannte sie die Speise der Götter – das war eine Anspielung, denn seine Mutter Agrippina hatte laut Überlieferung seinen Vorgänger, Kaiser Claudius, der dann den Göttern zugeschrieben wurde, mit einem köstlichen, jedoch vergifteten Morchelgericht getötet. Ob es tatsächlich Morcheln waren, ist nicht ganz gesichert. Jedenfalls wurden zu diesem Zweck wohl Knollenblätterpilze untergemischt, die das gewünschte Ergebnis brachten.

Weitere Spuren finden sich erst viel später, im frühen Mittelalter. Die erste verbriefte Morchelbeschreibung stammt aus dem 13. Jahrhundert und kommt aus Deutschland. Der Dominikanermönch Albertus Magnus (1193–1280) erwähnte in seinen umfangreichen Arbeiten zu den Naturwissenschaften auch einen Pilz, den er als klein und rund wie ein Hut gestaltet bezeichnet, welcher im Frühjahr wächst und schon Ende Mai wieder verschwunden ist. Es ist anzunehmen, dass er damit die Morchel gemeint hatte. Albertus Magnus wird auch die erste Beschreibung des Krankheitsverlaufs einer echten Pilzvergiftung zugeschrieben. Krankheitsbilder wie Atemnot oder Ersticken und Krankheitsprophylaxe durch die Art der Zubereitung von Pilzen, welche teilweise schon aus antiken Schriften bekannt waren, wurden von ihm zusammengefasst. Er sah die Pilze als unvollständige Pflanzen.

Als Ursprung der Entstehung von Pilzen wurden Fäulnisstoffe angenommen. Albertus Magnus ging davon aus, dass sich die Giftigkeit der Pilze auf deren Habitat bezieht, welches sich in der Nähe von faulen Dingen oder giftigen Tieren befinde.

Im ältesten deutschsprachigen Kochbuch, *»Daz Buch von guter Spise«*, geschrieben um 1350, lässt sich eines der ersten überlieferten Morchelrezepte überhaupt finden, ein Morchelmus mit Mandelmilch: *»Der wölle machen ein morchenmus. der nem morchen und geballen uz eime kalden wazzer. gehacket cleine und tu ez denne in ein dicke mandelmilich. mit wine wol gemacht, die morche dor inne erwellet. und tu dorzu würze genuc und gibz hin.«*

Mandelmilch als Beigabe war damals sehr beliebt, sie galt (und gilt) als nahrhaft und sättigend.

Erst im 15. Jahrhundert mit der Erfindung des Buchdrucks wurden Kochbücher in gedruckter Form verkauft und führten so zur Verbreitung von Rezeptsammlungen in den Städten. Im Jahr 1485 wurde in Nürnberg mit dem Buch *»Kuchenmaistrey«* das erste gedruckte deutschsprachige Kochbuch aufgelegt. Eine Besonderheit darin war die thematische Untergliederung: Fastenspeisen, Fleischspeisen, Eierspeisen, Saucen und Senf, die Verwendung von Essig. Unter den Fastenspeisen waren auch Pilzgerichte zu finden, unter anderem Morchelgerichte. Die Pilze wurden *Morchen, Morcheln* oder auch *Morsel* genannt, vermutlich abgeleitet vom lateinischen *morsellus* (*morsus*, der Biss), was so viel wie »kleiner Leckerbissen« bedeutet.

Zwei Jahrhunderte später, 1699, schreibt ein gewisser Christian Lehmanns Sen. weiland Pastoris zu Scheibenberg in *»Historischer Schauplatz derer natürlichen Merckwürdigkeiten«* zu Pilzen und Morcheln Folgendes: *»Jewohl die Schwämme nur für eine überflüssige Feuchtigkeit der Erden gehalten werden, sind sie doch der alten Römer Lecker-Speise gewesen. Und weil sie von der Natur ordentlich und beständigen fruchtbaren Regen gezeuget werden, sind sie nicht gar zu verachten. Stockschwämme wie auch Morcheln werden gehackt und dann mit Butter, Ram, Eyern, Zwiebeln und Gewürze dem Geschmack und Magen anmutig gemacht. Das gemeine Volk dörret die geschnittenen Pilze jedoch ab.«* Das war bereits ein Hinweis darauf, dass die Morcheln durch Trocknung haltbar gemacht wurden.

DIE MORCHEL, VOLL VON FLECKEN, IST VOM NEBEL FEUCHT GEWORDEN

So lautet die deutsche Übersetzung des tschechischen Sprichwortes: *»Smrž pln skvrn zvlhl z mlh.«* Dieses gilt im Tschechischen nicht nur als einer der längsten Sätze ohne Vokale, sondern auch als nationaler Zungenbrecher. Die Morchel erfreut somit nicht nur die Geschmacksknospen der Zunge, sondern kann Letztere auch »brechen«.

Smrž ist der böhmische Begriff für die Morchel. Der Name Morchel stammt vermutlich aus dem 12. bis 14. Jahrhundert, genauer lässt es sich nicht eingrenzen, Dieser Zeitraum deckt sich mit der Chronologie der ersten niedergeschriebenen Rezepte. Unterschiedliche Theorien kursieren über die Herkunft des Namens, doch wahrscheinlich kommt der Begriff aus dem altgermanischen *morhel*, das so viel wie *kleine Möhre* bedeutet. *Morchella* ist schließlich die latinisierte Form des Begriffs, der heutzutage die allgemeingültige internationale Bezeichnung für alle Arten der Morcheln darstellt.

In verschiedenen deutschsprachigen Regionen firmiert die Morchel als Maurache. Mauracherl hingegen wird gerne als Synonym für die Böhmische Verpel verwendet. Der Mailing ist in Südostbayern das gebräuchliche Wort für die Morchel.

In anderen Sprachen klingt die Morchel so: Holländisch *Morielje*, Dänisch *Morkler*, Englisch *Morel*, Französisch *Morille*, Italienisch *Spugnola*, Spanisch *Colmenilla*, Russisch *Smortschok*, Polnisch *Smardz*, Ungarisch *Kutsma gomba*. In Nordamerika werden die Morcheln öfter auch *»Dry Land Fish«* oder *»Haystacks«* genannt.

Die lateinischen Namen der beiden häufigsten Arten, *Morchella esculenta* (Speise- oder Rundmorchel) und *Morchella conica* (Spitzmorchel), bezeichnen im ersten Wort den Gattungsnamen und im zweiten Wort die

Artkennzeichnung. *Esculenta* bedeutet essbar und *conica* spitzkegelig. Diese binäre Nomenklatur geht auf Carl von Linné zurück. Mykologen und Botaniker wie Christian Hendrik Persoon oder Elias Magnus Fries überarbeiteten und erweiterten später die von Linné begründete Systematik der Pilze.

Aus alten Quellen kann geschlossen werden, dass Morcheln vor allem in Adelskreisen als mittelalterliche Fastenspeise sehr geschätzt waren. Die Morchel wurde daher auch gerne für mittelalterliche Wappenbilder verwendet: Aus dem Jahr 1370 stammt ein Siegel von Hans Morl, auch Morlinus genannt, einem Pfarrer in Anger bei Weiz in der Oststeiermark. In der Mitte befindet sich ein Wappenbild mit drei nebeneinanderstehenden Morcheln. Das Wappenbild nimmt auf den latinisierten Namen des Geistlichen Morlinus Bezug, was der mittelalterlichen Bezeichnung *morhel* gleichkommt. Morcheln kommen auch in Stadt- und Familienwappen vor. Ein schönes Beispiel ist das Wappen der nordböhmischen Stadt Smržovka (was auch den böhmischen Wortstamm *smrž* in sich trägt und auf Deutsch »Morchenstern« heißt, früher auch »Morchelstern«). Der Ort erhielt 1868 das Stadtrecht und 1907 vom österreichischen Kaiser Franz Joseph I. das Stadtwappen, welches eine von Farnkräutern umrahmte Speisemorchel darstellt. Morcheln sollen im nahegelegenen Isergebirge sehr häufig vorkommen.

DIE MORCHEL UNTER DER LUPE

Unsere Spurensuche macht an dieser Stelle einen Abstecher in die Wissenschaft, schließlich wollen wir genau identifizieren können, was später als Gourmetmahlzeit auf unseren Tellern landet.

Morcheln gehören zu den Schlauchpilzen, ebenso wie Lorcheln, Öhrlinge, Becherlinge und Kernpilze.

Hut und Stiel dieser Pilzart bilden eine Einheit und sind innen hohl. Anstelle von Röhren, Poren oder Lamellen weisen Morcheln am Hut wabenähnliche Vertiefungen auf, die mit einer sporenerzeugenden Fruchtschicht ausgekleidet sind. Auf dieser werden Sporen im Inneren von Schläuchen (sogenannte Asci) gebildet. Zur Reifezeit platzen die Schläuche an den Spitzen plötzlich auf, was dazu führt, dass die Sporen wie aus einer kleinen Kanone hinausgeschossen werden. Nimmt man einen reifen Pilz in die Hand, kann man leicht beobachten, wie die Sporen als feine Wolke aus ihm entweichen. Durch diese sporenbildenden Schläuche werden die Morcheln der Pilzklasse der Ascomycetes zugeordnet.

Überwiegend sind Morcheln bodenbewohnende Saprotrophe, das heißt Pilze, die sich von toten organischen Stoffen (abgefallenes Laub, Nadeln, Baumstümpfe) ernähren und diese dabei abbauen. Morcheln können Mykorrhizen ausbilden, das heißt, ihre Hyphen gehen mit dem Wurzelgeflecht von Pflanzen eine Symbiose ein. Mykorrhiza bedeutet übersetzt »Pilzwurzel«. Pilze haben aber keine Wurzeln wie die Pflanzen: Die Hyphen, Pilzfäden, bilden das Vegetationsorgan der Pilze, aus dem das Myzel (das »Wurzelgeflecht«) aufgebaut ist. Die sichtbaren Pilze sind lediglich die Fruchtkörper des Myzels, ähnlich wie ein Apfel auf einem Apfelbaum.

Die Pilze umhüllen die Saugwurzeln der Pflanzen mit einem dichten Hyphengeflecht und dringen zwischen die Zellen in der äußeren Zellschicht der Pflanzenwurzeln ein. Über diese Verbindung liefern die Pflanzen dem Pilz zusätzliche Nährstoffe, wie zum Beispiel Zucker (Kohlenhydrate), Wuchsstoffe und Vitamine, und der Pilz revanchiert sich seinerseits durch die Abgabe von Phosphor, Stickstoff und Wasser, was wiederum das Pflanzenwachstum anregt.

ÜBER BAROCKE HUTWABEN UND GOTISCHE SPITZBÖGEN

»Morche, Morgel oder Morille nennt man oft an der Luft wohl getrocknete Erdschwämme, welche zum Essen dienlich sind, bald eine spitzige, bald runde Gestalt und verschiedene Farben haben. Sie werden zu keiner anderen Jahreszeit, außer im Frühling an feuchten Orten und auf fetten Wiesen gefunden. Da sie unter allen Arten von Erdschwämmen die besten sind, so werden sie theils frisch, theils getrocknet, an Speisen häufig gebraucht. Unter den getrockneten sind die Spitzmorcheln wohl die besten.«
(Neu eröfnete Academie der Kaufleute, oder encyclopädisches Kaufmannslexicon alles Wissenswerthen und Gemeinnützigen«, Leipzig 1799)

Viele Morchelarten wurden beschrieben, ebenso viele wurden wissenschaftlich nicht als eigene Arten anerkannt und als Varietäten verworfen. Der Grund dafür liegt in der Mannigfaltigkeit der Wuchsform und der Farben. Die Morphologie der Morchel hängt offensichtlich sehr stark von der Bodenbeschaffenheit beziehungsweise den Umweltbedingungen am Standort ab. Aufgrund eigener Funderlebnisse an jährlich gleichen Standorten gehen wir davon aus, dass viele der in der Fachliteratur genannten Varietäten nur verschiedene Wuchsformen ein und derselben Art sind. Zu den echten Morcheln, deren Stiel mit dem Hutrand verwachsen ist, gehören heute im Wesentlichen die Gruppe der Speisemorcheln oder Rundmorcheln *(Morchella esculenta; yellow or white morel)* und die Gruppe der Spitzmorcheln (*Morchella conica; black morel* – im östlichen Nordamerika *Morchella angusticeps*). Die beiden handelsüblichen Sorten kommen in zahlreichen Varietäten vor. Im Ratgeber »Faszination Morchel« von Heinz Gerber besteht im Kapitel »Richtig erkennen« die Möglichkeit, die einzelnen Morchelarten anhand von Bildern richtig zuzuordnen. Wir beschränken uns in der näheren Beschreibung auf die zwei Hauptarten, die beide ausgezeichnete Speisepilze sind.

Die Speisemorchel – *Morchella esculenta (L.) Persoon* (Syn. *M. e. var. vulgaris, M. e. var. rotunda, M. e. var. crassipes*, bzw. Maimorchel oder Gemeine Hutmorchel) – wird bis 20 cm hoch. Hut und Stiel sind äußerlich deutlich getrennt, im Inneren jedoch eine Einheit, was sehr schön sichtbar wird, wenn man die Morchel längs halbiert. Die Farbe des Hutes ist meist hellbeige, karamellbraun, honiggelb bis ocker, kann aber auch grau bis fast schwarz sein. Der Hut hat unregelmäßige, bienenwabenartige Vertiefungen (Alveolen) mit sporenbildender Fruchtschicht an der Oberfläche. Oft wirken die Außenränder des Hutes wie rostbraun angelaufen. Der untere Hutrand ist wie bei der Spitzmorchel mit dem Stiel verwachsen. Das Pilzfleisch der Morchel ist zart, wachsartig, elastisch und weist einen sehr guten Geschmack auf. Das Stielfleisch ist wesentlich fester und wird bei älteren Exemplaren zäh und knorpelig.

Die Spitzmorchel – *Morchella conica var. conica Persoon* (Syn. *M. elata, M. deliciosa, M. hortensis*) – ist in der Regel kleiner und schlanker als die Speisemorchel. Die Hutformen der beiden Hauptarten können leicht architektonischen Stilen zugeordnet werden. Die Speisemorchel weist eine gewisse Affinität zum Barock auf, da die Hutwaben schief und ungleichmäßig angeordnet sind. Wohingegen die Spitzmorchel für den gotischen Stil steht, da die angedeuteten vertikalen Leisten des Hutes den Spitzbögen als zentrales Bauelement ähneln. Der Hut der Spitzmorchel ist dunkelgrau bis dunkelbraun und spitzkegelig. Das Fleisch ist zart, mild im Geschmack und ohne ausgeprägten Geruch. Quer zur Längsachse in Scheiben geschnitten erinnern die runden Pilzscheiben an Zahnräder. Die Spitzmorchel ist je nach

Alter sehr stark veränderlich. Kleine Exemplare ähneln der Käppchenmorchel, deren Stiel deutlich länger und die am Hutrand nicht mit dem Stiel verwachsen ist. Größere Exemplare können mit der Speisemorchel verwechselt werden.

Neben den beiden Hauptarten sei noch die Böhmische Verpel oder Runzel-Verpel (*Verpa bohemica,* Syn. *Ptychoverpa bohemica*) erwähnt, da diese, wie wir noch erfahren werden, illegalerweise oft als echte Morchel auf Märkten angeboten wird. Sie wird bis 13 cm hoch, hat einen glockenförmigen Hut, der nur an der Spitze mit dem Stiel verwachsen ist. Das Fleisch ist wenig fest, wässrig und leicht süßlich. Es fehlt das zarte, angenehme Pilzaroma der echten Morchel.

ESSBAR ODER GIFTIG – DIE FRÜHJAHRS-LORCHEL

Auf eine falsche Fährte führt uns die Frühjahrs-Lorchel *(Gyromitra esculenta)* oder der Faltenschwamm. Diese ist ein seit dem 19. Jahrhundert bezeugter Name einer giftigen Pilzart, abgeleitet vermutlich aus dem älteren Wort Lorche (auch Lorke, Laurike, Laurige). Jacob Bolton berichtet in seiner *»Geschichte der merkwürdigsten Pilze«* 1789 unter anderem über die im kanadischen Halifax wachsenden Pilze. Als deren sechste Gattung finden die Morcheln ausführlich Erwähnung. Der Hut sei gemeinhin bischofsmützenförmig und von der Dicke eines Handschuhleders. Sie wachse an schattigen Stellen in den meisten Wäldern, aber doch selten um Halifax. Im Jahre 1777 waren die Morcheln in diesen Wäldern jedoch sehr häufig. Die damaligen Bezeichnungen entsprechen nicht dem heutigen Verständnis. Bolton unterscheidet die fleischige, die knorpelartige, die schneckenförmige, die goldfarbene, die blätterpilzartige und die gemeine Morchel. Aufgrund der Übersetzungen lässt sich schließen, dass in den genannten Unterarten auch die giftige Lorchel (auch

Frühjahrs-Giftlorchel) miteinbezogen war. Lorcheln und Morcheln sind scheinbar ähnliche Pilzarten und wurden häufig verwechselt. Die Täuschung bestand dabei darin, dass es noch im Mittelalter üblich war, die kostbaren Morcheln durch billigere, ähnlich aussehende Lorcheln zu ersetzen. Die Lorchel ist roh tödlich giftig. Eine Verwechslung ist eigentlich unverständlich und nur auf eine oberflächliche Beobachtung zurückzuführen. Der Hut der Frühjahrs-Lorchel ist nicht hohl und weist außen eine hirnartig gewundene Oberfläche auf. Dieser *»köstliche Giftpilz«* galt und gilt in einigen Ländern auch als Speisepilz. So ist der Verzehr der Frühjahrs-Lorchel in Skandinavien und insbesondere in Finnland auch heute noch weit verbreitet. Man muss sie jedoch sachgerecht zubereiten. Im Pilzbuch *»Essbar oder giftig?«* rät Professor Eberhard Ulbrich, die Frühjahrs-Lorchel durch Abkochen und Wegschütten des Kochwassers essbar zu machen; die Frühjahrs-Lorchel wird als einzige Ausnahme genannt, die sich durch diesen Vorgang entgiften ließe. Davon raten wir dennoch tunlichst ab! Trotz dieser Zubereitungsart treten weltweit immer wieder Vergiftungsfälle auf, die auch tödlich enden können. Die Vergiftung ist der einer Knollenblätterpilz-Vergiftung ähnlich und wirkt sich von Mensch zu Mensch mitunter sehr unterschiedlich aus. Während die einen nur leichte oder gar keine Vergiftungserscheinungen erleben, kann die Frühjahrs-Lorchel für andere zur lebensbedrohenden Gefahr werden. Eine Frühjahrs-Lorchel-Vergiftung wird auch Gyromitrin-Syndrom genannt. Das Pilzgift ist dabei das Gyromitrin und sein Abbauprodukt Monomethylhydrazin. Die Latenzzeit liegt zwischen 6 und 24 Stunden – je nach Menge der eingenommen Pilze. Erste Symptome sind Erbrechen, Durchfälle (mitunter wässrig und blutig), Benommenheit, Kopfschmerzen und leichte Gelbsucht. Schwere Vergiftungen werden begleitet von Krämpfen,

Gehstörungen bis hin zur Bewusstlosigkeit. Kreislaufzusammenbruch, Leber- oder Nierenversagen und schwere Schädigungen des Nervensystems sind die Folge. Eine berauschende Wirkung ist nicht gegeben. Vergiftungen durch die Frühjahrs-Lorchel treten in Zentral- und Osteuropa relativ häufig auf. In Russland liegt der Anteil am Gyromitrin-Syndrom bei 45 Prozent aller erfassten Pilzvergiftungen.

Um die Gefährlichkeit der Lorchel zu untermauern, sei auf ein Schweizer Sprichwort verwiesen:

»Die Morchel mit dem M wie Magen,
kannst Du auf jeden Fall ertragen.
Die Lorchel mit dem L wie Luder,
ist immer ein ganz giftiger Bruder.«

DIE MORCHEL – EIN KOSMOPOLIT

Morcheln wachsen nahezu weltweit in den gemäßigten Klimazonen. Sie sind in Mitteleuropa weit verbreitet. Bedeutende Herkunftsländer für den Handel mit frischer Ware sind die Türkei, Kanada und die USA. In getrockneter Form werden sie vor allem aus den Ländern Südostasiens (China, Indien, Pakistan) importiert. Morcheln aus den USA sind in der Regel etwas größer als europäische Exemplare.

Morcheln kommen auch in alpinen Lagen vor. Grundsätzlich gilt dabei: je höher der Fundort, desto später die Ernte.

Seit einigen Jahren werden vermehrt Böhmische Verpeln *(Verpa bohemica)* unter dem Namen Morcheln geführt und als solche zu höheren Preisen verkauft. Verpeln sind üblicherweise wesentlich billiger als Morcheln, zumal ihr Fleisch nicht mit dem von Speise- oder Spitzmorcheln konkurrieren kann. Dr. Richard Poltnig, Pilzhändler in Wien und passionierter Trüffeljäger, glaubt, dass die Böhmischen Verpeln drauf und dran sind, die echten Morcheln von den Märkten zu verdrängen. Verpeln sind billiger, und als Ersatz für das fehlende Aroma wird den Verpeln in der Zubereitung Morchelpulver beigemischt, damit sie einen ähnlichen Geschmack aufweisen wie echte Morcheln.

Wenn Ihnen am Markt Morcheln angeboten werden, prüfen Sie, ob ihr Hut nur an der Stielspitze angeheftet ist und am Rand frei herabhängt. Bei den echten Morcheln ist der Hut ganz (Speise- und Spitzmorchel) oder teilweise (Käppchenmorchel) mit dem Stiel verwachsen.

Manchmal werden auch »Herbstmorcheln« offeriert. Dabei handelt es sich in der Regel um die Krause Glucke *(Sparassis crispa)*, einen Pilz aus einer ganz anderen Verwandtschaft.

Die in Chinarestaurants oder asiatischen Geschäften verkauften »Chinesischen Morcheln« haben ebenso nichts mit den echten Morcheln zu tun. Jene sind nahe Verwandte des Judasohrs *(Auricularia auricula-judae)* und gehören zur Familie der Ohrlappenpilze.

WIE MAN MORCHELN AM EHESTEN FINDET

»Die Morchel hat einen unregelmäßig-walzenförmigen weißen Strunk, der inwendig hohl und oberhalb mit einem Hute gekrönt und verbunden ist. Sie erscheint bey uns zu Anfang des Maymonaths in Laubwäldern oder auch in Obstgärten, wenn der Rasenboden einige Jahre vorher mit Asche und Baumlaube gedüngt worden, und wenn die Lage so beschaffen ist, daß sie die Winterfeuchtigkeit lange Zeit aufbehalten kann. Man genießt sie als Gemüse, schmort sie in Butter, Zucker und Wein oder füllt sie mit fricassierten Leckerbißchen. Auch pflegt man sie getrocknet für den Winter aufzubehalten.«
(Leopold Trattinick: »Die eßbaren Schwämme des Oesterreichischen Kaiserstaates«, Wien 1830)

Die Ausrüstung: Zum Sammeln eignen sich am besten kleinere Körbe oder Spankörbe. Leinensäcke, Beutel aller Art oder Netze sind nicht optimal, da die gesammelten Morcheln darin zu sehr zusammengedrückt werden. Besonders wichtig ist es, die Morcheln mit einem Pilzmesser am Stiel abzuschneiden und schon am Fundort Verschmutzungen mit der Pilzbürste zu beseitigen. Damit ersparen Sie sich mühseliges Reinigen in der Küche und die Pilze halten meist auch länger. Ist das nur unzureichend möglich, zum Beispiel wenn die Pilze sandig sind, können sie vor der Zubereitung mit einem schärferen Brausestrahl abgeduscht werden. Da nur einwandfreie Morcheln ins Körbchen wandern sollten, lässt man Pilze, die weich und alt, teilweise schimmelig oder fast vertrocknet sind, stehen. Ein einzelner verdorbener Pilz kann das ganze Pilzgericht zunichte machen.

Die Sammelzeit: Unter Pilzfreunden gilt der 1. Mai weniger als der »Tag der Arbeit«, sondern als der »Tag der Morchel«. Daran können Sie auch erkennen, wann die beste Sammelzeit ist, die je nach Höhenlage etwa von Ende März bis Anfang Juni andauert.

Die Methode: Morcheln sind im Laub des Vorjahres schwer zu entdecken. Um es Ihnen leichter zu machen, seien folgende Ratschläge aus dem Buch *»The Curious Morel«* von Larry Lonik angeführt: Es empfiehlt sich unter anderem nach der Methode der Mustererkennung eine bereits vorhandene Morchel zehn Minuten anzustarren, um das Bild der Morchel zu kalibrieren und gedanklich abzuspeichern und in der Folge den Boden nach ähnlichen Mustern abzusuchen.

Die Fundorte: Gute Morchelplätze werden wie Geheimnisse gehütet, und haben Sie etwaige Standorte irgendwann doch einem Freund preisgegeben, könnten Sie es bitter bereuen. Speisemorcheln sind standorttreu, dennoch treten sie nicht jedes Jahr an den gleichen Plätzen auf. Trockenes Wetter vor oder zur Zeit der Ernte bringt oft gar keine Pilze hervor. Das Zeitfenster in einem Gebiet ist im Grunde auf ein bis maximal zwei Wochen beschränkt. Die Zeit des Wachstums ist auch stark geprägt durch die Lage: Auf einem Südwesthang erscheinen sie deutlich früher als auf einem Nordosthang. Die scheuen Morcheln kommen in Laub- und Mischwäldern, auf Waldwiesen, unter Gebüschen in Parkanlagen, an Waldböschungen, an Waldrändern und in Auwäldern vor. Besonders gerne wachsen sie unter Eschen, Pappeln, Ulmen, Eichen, Hainbuchen, Birken und Weiden. Aber auch unter Haselnusssträuchern und Rosengewächsen sind sie zu finden. Speisemorcheln treten aber auch in Gärten, auf Rasenplätzen zwischen abgefallenem Laub, auf Komposthaufen, auf Sandböden, an stillgelegten Bahngleisen sowie an Straßenrändern auf. Sie lieben kalkreiche und meiden gedüngte Böden.

Die Speisemorchel ist am ehesten mit der Spitzmorchel zu verwechseln, jedoch von dieser durch die sehr unregelmäßige Wabenstruktur des Hutes und die in der Regel runde Hutform leicht zu unterscheiden.

Die Spitzmorcheln wachsen auch gerne auf sandigen Böden in Mischwäldern entlang von Flüssen. Sie gehören zu den wenigen Pilzen, die auch auf Baustellen oder am Boden zerstörter Lebensräume vorkommen können. Sie erscheinen an solchen Plätzen als die ersten Lebensformen. Eine Standorttreue wie die Speisemorchel weist sie nicht auf. Es gilt die Pilzsammler-Weisheit: »Spitzmorchel einmal hier, einmal dort.« Häufig sind Spitzmorcheln wie bereits erwähnt auf Rindenmulch – und das manchmal sogar in Massen – zu finden. Jedoch bleiben alle diesbezüglichen Funde auf das Fundjahr beschränkt.

Die kuriosen Fundorte: Paul Stamets berichtet in seinem Buch »*Growing Gourmet and Medicinal Mushrooms*« von massiven Morchelvorkommen nach Naturkatastrophen. So traten im Frühjahr 1989 nach Waldbränden im Yellowstone Nationalpark im Sommer davor sehr reiche Morchelfunde auf. Hunderte Kilo Morcheln wurden von aufgeregten Sammlern in ihre Pickups verladen. Zu ihrer Bestürzung waren die Morcheln aufgrund der grobkörnigen Veraschung der Fruchtkörper ungenießbar. Weitere außerordentliche Morchelfunde brachte das Frühjahr 1980, ein Jahr nach dem Ausbruch des Mount St. Helens im Süden des US-Bundesstaates Washington.

Tausende von Morcheln traten einige Wochen nach der Flutung einer Baumschule mit Schlamm durch ein Zellstoffunternehmen im Bundesstaat Washington auf. Nach der über eine Woche lang dauernden Flutung eines Hinterhofs im östlichen Oregon konnte eine Riesenmorchel mit vier Pfund Gewicht geerntet werden. Ein regengetränkter Strohballen auf einem Weizenfeld brachte einen Morchelfruchtkörper mit mehreren Pfund Gewicht hervor. In den Ruinen eines abgebrannten Hauses in Idaho wurden große Morcheln im ehemaligen Kohlenkeller gefunden. Eine Baumschule im Bundesstaat Washington verkaufte Töpfe mit Flammenblumen – aus jedem Topf wuchsen Morcheln. Eine Frau aus Napa Valley, Kalifornien, berichtete, dass sie im offenen Kamin ihres Hauses Morcheln auf der Kaminasche fand. Der Kamin war für sechs Monate nicht in Betrieb gewesen.

DER MORCHELWAHNSINN BRICHT AUS

In den USA scheint es nicht nur die kuriosesten Fundorte zu geben, sondern auch den größten Hype um die Morchel. Wenn Sie beim Morchelsuchen Gesellschaft bevorzugen und Wettbewerbe lieben, empfiehlt sich eine Reise in die Stadt Mesick im Bundesstaat Michigan. Dort finden unter dem Begriff *Morel Madness* alljährlich große Morchel-Sammelwettkämpfe statt. Stark sandige und wasserdurchlässige Böden bieten ideale Wachstumsbedingungen für die Morcheln. Die Wettkämpfe dienen zugleich der Information und machen darüber hinaus auch Spaß. Tausende Teilnehmer zahlen eine kleine Gebühr und werden dann mit Bussen zu einem abgelegenen und morchelreichen Wald gebracht. Nach einem Startschuss stürmen alle in den Wald mit dem Ziel, in den nächsten neunzig Minuten die meisten Morcheln, die größte, die kleinste oder die schönste Morchel zu finden. Die gefundenen Morcheln dürfen für gewöhnlich behalten werden. Für die Sieger gibt es neben Preisen oder Bargeld begehrte Titel – »Morchelkönigin« oder »Morchelkönig« – zu erringen. Zum Rahmenprogramm solcher Veranstaltungen zählen musikalische Aufmärsche, Führungen, Kostproben, Seminare, Kunsthandwerk, Spiele und Rezeptwettbewerbe. Wie weit die Fantasie morchelbegeisterter Menschen gehen kann, zeigen die Internetseiten zum Suchbegriff »Morel Madness«.

LASSEN SICH MORCHELN ZÜCHTEN?

Morcheln (aber auch andere Pilze) haben eine erstaunliche Eigenschaft: Wenn es lange Zeit sehr trocken ist oder gar ein Waldbrand riesige Gebiete verwüstet hat, bildet das unterirdische Pilzgeflecht (das Myzel) kleine »Überlebenspakete« aus. Dabei handelt es sich um harte, knollige, etwa walnussgroße, meist dunkel gefärbte Ausbildungen mit dem wissenschaftlichen Namen Sclerotium. Darin ist alles gespeichert, was die Morchel braucht, um neuerlich zu wachsen. Und das tut sie, sobald es regnet: Dann füllen sich die Zellen des Sclerotiums mit Feuchtigkeit, der Pilz erwacht zu neuem Leben und bildet – so der Boden dafür geeignet ist – ein neues Myzel und in der Folge auch Fruchtkörper aus. Morchelsporen, die dann aus reifen Exemplaren herausgeschleudert werden, können sich in kurzer Zeit über große Gebiete verbreiten und keimen rasch, wenn die Bedingungen gut sind.

Wie für die Trüffel auch werden seit einigen Jahrzehnten immer wieder Versuche unternommen, Morcheln zu züchten. Und man macht sich dafür diese eben beschriebene Eigenschaft zunutze, bei widrigen Umweltbedingungen »Überlebenspakete« auszubilden.

Zwei berühmte Pioniere der Morchelzucht sind Ronald Ower und Thomas Volk. Ower war der Erste, der das Morchelwachstum aus Sclerotia nachweisen konnte, und Thomas Volk skizzierte einen kompletten Morchel-Lebenszyklus. Ower simulierte den natürlichen Wechsel von Regen zu Trockenheit und wieder zu Regen, indem er Morchel-Myzel in einer Nährflüssigkeit wachsen ließ. Sobald die Nährstoffe verbraucht waren, bildeten sich Sclerotia. Nach einer bestimmten Ruhezeit (Trockenheit) wurden die kleinen Speicherpakete mit Wasser angereichert, sie schwollen auf und bildeten Fruchtkörper in Form von Pilzen aus. Diese erste »Indoor«-Morchelkultivierung gelang im Jahr 1982. Ower ließ sich gemeinsam mit zwei Kollegen seine wissenschaftlichen Errungenschaften patentieren, fand aber kein Unternehmen, das sie anwenden wollte. Ronald Ower konnte die Ernte seiner Saat (quasi die Morcheln seines gezüchteten Myzels) nicht mehr einfahren, es ereilte ihn ein tragisches Schicksal: Er wurde Opfer eines Raubüberfalls, seine verstümmelte Leiche fand man in einem Park. Identifiziert werden konnte er nur durch eine Goldfüllung seines Schneidezahns und – durch die Schlüssel zu seinem Morchelzuchtlabor, die er bei sich hatte. Drei Monate später wurden seine Patente gekauft und eingesetzt.

Aber noch immer – und vielleicht zum Glück – wird die Morchelzucht nicht kommerziell betrieben, zu viele Umwelt- und Umgebungsfaktoren sind für den Lebenszyklus des Pilzes verantwortlich.

MORCHELN UND GESUNDHEIT

Morcheln enthalten ca. 90 Prozent Wasser, wenig Fett, wenig Kohlenhydrate, dafür Eiweiß, Mineralstoffe und Vitamine. In 100 Gramm frischen Morcheln sind mehr als 60 Prozent des Tagesbedarfs eines Erwachsenen an Vitamin D enthalten. Zum Vergleich sei erwähnt, dass Obst und Gemüse überhaupt kein Vitamin D enthalten. Dieses Vitamin ist für den Knochen- und Knorpelaufbau essenziell, es wirkt antirachitisch und wird im Körper aus seinen Vorstufen gebildet. Am meisten Vitamin D ist in Süßwasser- und Meeresfischen enthalten. In Morcheln sind darüber hinaus die Vitamine E, B1, B2 und Vitamin C nachgewiesen. Vitamin E ist ein starkes Antioxidans. Vitamin B1 ist für die Nerven wichtig. Der Mineralstoffgehalt der Morcheln ist, wie auch bei anderen Pilzen, sehr stark vom Bodenuntergrund der Fundstelle und der Bewaldungsart abhängig. Die Speisemorchel enthält viel Kalium und Phosphor. Das eine ist wichtig zum Aufbau von Eiweiß, der Verwertung von Kohlenhydraten, steuert die Nervenreizleitung und wirkt entwässernd. Das andere ist Bestandteil der DNA, also Träger der Erbinformation, und im Energiestoffwechsel ein wichtiger Faktor.

Wenn Sie Morcheln sammeln, wachsen daneben oft junge Brennnesseln oder Bärlauch. Nehmen Sie von beiden frische Blätter mit, um ein vitaminreiches Frühjahrsmenü zuzubereiten. Morcheln werden auch ganz gerne von Tieren gefressen. Hasen und Ziegen konnten schon beim Fressen von Morcheln beobachtet werden.

REZEPTE

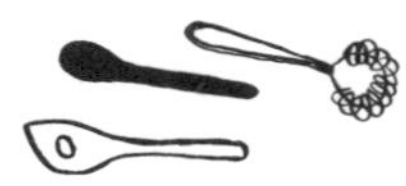

»Die Schwämme seyn weder Kräuter noch Wurtzeln, weder Blumen noch Samen, sondern nichts anders, denn eine überflüssige Feuchtigkeit des Erdreichs, der Bäume und anderer fauler Dinge. Darum sie auch eine kleine Zeit währen, in sieben Tagen wachsen sie, vergehen auch, sonderlich kriechen sie herfür, wann es donnert.«
(Adamus Lonicerus, Kräuterkochbuch, Leipzig 1537)

ALLGEMEINE WEISHEITEN AUS DER MORCHELKÜCHE

»Die Morchel ist ein vornehmer Pilz«, meint der italienische Spitzenkoch Antonio Carluccio. Vornehm vielleicht, aber auch sehr kontaktfreudig – Morcheln lassen sich nämlich mit erstaunlich vielen Lebensmitteln kombinieren, z.B. mit Speck, Fleisch, Nudeln, Eiern, Gemüse und vor allem mit Spargel. Getrocknete Morcheln verstärken das herrliche Aroma, deshalb nehmen Kenner gerne einige getrocknete Exemplare in ein Gericht mit frischen Morcheln dazu.

Vor dem Genießen gilt es einige Grundregeln zu beachten: Man sollte Morcheln niemals roh essen. Sie haben giftige Inhaltsstoffe, die durch Hitze zerstört werden. Frische Morcheln müssen daher immer mindestens 5 (bis 10) Minuten gekocht werden.

Auch der Genuss von alten Morchelexemplaren kann heikel sein. Selbst wenn diese nicht glitschig oder weich sind, erkennt man sie an ihrem muffigen Geruch und an der dünnwandigen Struktur. Der Genuss alter (oder zu vieler) Morcheln kann zu neurologischen Vergiftungserscheinungen führen. Morcheln genießt man am besten maßvoll (als Delikatesse) und alte Exemplare lässt man einfach im Wald.

Morcheln sind kaum von Maden befallen. Vor der Zubereitung sollten sie jedoch zumindest einmal der Länge nach durchgeschnitten werden, weil sich gerne Käfer oder sonstige Insekten im hohlen Morchelkörper verstecken. In gekauften Morcheln aus nicht einwandfrei nachvollziehbaren Quellen können auch Steine enthalten sein – offensichtlich um dem Verkaufspreis »mehr Gewicht« zu geben.

Hat man die frischen Köstlichkeiten dann zu Hause, werden sie gründlich gesäubert und die Pilzköpfe mit einem Pinsel gebürstet, um sämtlichen Sand zu entfernen (ausklopfen!). Wie andere Pilze sollten Morcheln nicht gewaschen werden, außer sie sind sehr stark verschmutzt. In diesem Fall spült man sie unter einem scharfen Wasserstrahl kurz ab. Die Stiele dabei eventuell entfernen, sie können für einen Pilzfond verwendet werden. Getrocknete Morcheln können je nach Herkunft sehr sandig sein. Dagegen hilft, sie zwischen 30 und 60 Minuten bzw. so lange, bis sie weich sind, in lauwarmes Wasser, Milch oder Sahne einzulegen. Die Flüssigkeit kann zwischendurch erneuert werden, aber normalerweise nimmt man sie zum Ablöschen der Saucen bzw. der Gerichte selbst. Getrocknete Morcheln schrumpfen beim Trocknen etwa auf ein Zehntel ihrer ursprünglichen Größe. 500 g frische Morcheln entsprechen ca. 50 g getrockneten.

Die hier beschriebene Vorgehensweise versteht sich jedem der folgenden Rezepte vorangestellt, die Rezepte verköstigen jeweils 4 Personen.

Morchelsauce à la Crème

Größere Exemplare werden halbiert. Die Pilze 10 Minuten auf mittlerer Flamme in zerlassener Butter braten und nach Belieben mit einer Prise Muskatnuss, Pfeffer und Salz abschmecken. Einige Tropfen Zitronensaft schaden nie. Ein paar Butterflocken unterrühren. Dann mit Sahne ablöschen und die Sauce hellbraun-sämig werden lassen. Die Morchelsauce ist der ideale Begleiter zu Steaks oder Knödeln/Klößen oder einfach nur pur mit Brot zu genießen.

Morchelreduktion

Generell eignet sich das Einweichwasser von getrockneten Morcheln hervorragend als Basis für Saucen – vor allem zu Wild. Die aufwendigere Variante besteht darin, frische Pilze durch Erhitzen Wasser abgeben zu lassen und dieses immer wieder abzuseihen. Wichtig bei jeder Variante: Die Pilze sollten sehr sauber sein, damit man z.B. den in den Morcheln befindlichen Sand später nicht in den Speisen vorfindet. Gegebenenfalls das Pilzwasser durch ein mit Küchenpapier ausgelegtes Sieb abseihen.

Gedünstete Morcheln

Als Vorspeise oder Beilage zu Hauptgerichten.

300 g in Scheiben geschnittene Morcheln, 40 g Butter, 1 Eigelb, 1 Tasse Sahne, Salz, schwarzer Pfeffer, 1 TL Zitronensaft, 1 EL gehackte Petersilie

Pilze in Butter hellbraun dünsten, Eigelb mit Sahne verquirlt unterrühren, mit Pfeffer, Salz und Zitrone abschmecken und mit Petersilie bestreut servieren.

Gefüllte Morcheln

Sind in nahezu jedem Kochbuch zu finden, das sich mit Pilzen beschäftigt. Hierzu braucht man größere Morcheln. Den Stiel der Pilze abschneiden. Durch die Stielöffnung mit dem Spritzbeutel vorsichtig die Masse einfüllen. Die Füllmasse kann ganz nach Belieben gewählt werden: vegetarisch (püriertes Gemüse) oder auf Fleischbasis (Fleischfarce, Kalbsbries). Die gefüllten Pilze in eine mit Butter bestrichene feuerfeste Form geben und bei 180 °C eine halbe Stunde im Ofen backen. Eine helle Rahmsauce und Sellerie- oder Kartoffelpüree runden dieses Gericht perfekt ab.

Gebratene Morcheln auf Brioche-Toast

Das Rezept stammt aus dem Solo Bistro in Bath, Maine, New England. Ausnahmsweise ohne den obligaten Hummer. Als Vorspeise oder kleine Zwischenmahlzeit.

Brioche-Teig: 40 g Zucker, 10 g Hefe, 120 ml warme Milch, 2 Eier, 100 g warme Butter, 350 g Mehl, 1 TL Salz, etwas Öl
Für die Pilze: 30 g getrocknete Morcheln, 180 g Austernpilze, 50 g Butter, 2 EL Madeira, Salz, schwarzer Pfeffer, 1 Bund fein geschnittene Petersilie und/oder Kerbel

Für die Brioche Zucker und Hefe in warmer Milch auflösen und den Teig 5 Minuten gehen lassen. Mit einem Mixer die Eier und die Butter so lange schlagen, bis sie gut vermengt sind. Danach die Hefemischung ebenso gut untermengen. Nun das Mehl mit dem Salz unterschlagen, bis sich ein glatter und geschmeidiger Teig gebildet hat. Den Teig zu einer schönen Kugel formen und leicht mit Pflanzenöl bestreichen. Etwa 1 Stunde rasten lassen, bis er die doppelte Größe angenommen hat. Den aufgegangenen Teig erneut durchkneten, zu einem Laib formen und neuerlich 45 Minuten gehen lassen.

Den Ofen auf 180 °C vorheizen. Den Laib 35 bis 40 Minuten in einer feuerfesten, leicht eingefetteten Form backen, bis er oben schön braun ist und sich vom Boden gelöst hat. Aus dem Ofen nehmen und auskühlen lassen.

Die getrocknete Morcheln in lauwarmem Wasser mindestens 30 Minuten ziehen lassen und anschließend auf einem Küchenpapier abtropfen lassen. Die Austernpilze vierteln. Alle Pilze in einer Pfanne mit der Hälfte der Butter goldbraun anbraten. Mit dem Madeira ablöschen, würzen und von der Hitze nehmen.

Die Brioche in Scheiben schneiden und diese in einer separaten Pfanne in der restlichen Butter kurz anrösten.

Alles auf vorgewärmten Tellern servieren und mit den Kräutern dekorieren.

Morchelcrostini

Ein idealer Einstieg in ein mediterranes Menü oder einfach nur zu einem guten Glas Rotwein.

60 g frische Morcheln oder 30 g getrocknete Morcheln, 1 kleine Zwiebel oder Schalotte, 1 EL Pinienkerne, 2 EL Olivenöl, 1 EL trockener Sherry, Salz, schwarzer Pfeffer, 8 Scheiben Baguette oder Toskanabrot, frische Petersilie

Frische Morcheln nach der üblichen Methode säubern oder getrocknete Morcheln in lauwarmem Wasser einweichen und einen Schuss Sahne zugeben. Danach die Morcheln in kleine Würfel schneiden. Die Zwiebel sehr fein hacken. Die Pinienkerne in einer trockenen Pfanne goldbraun anrösten. Olivenöl in einer weiteren Pfanne erhitzen, die Zwiebeln und Morcheln bei mittlerer Hitze ausreichend anbraten. Mit dem Sherry ablöschen, salzen und pfeffern. Sobald die Flüssigkeit reduziert ist, die Pinienkerne untermengen.

Die Baguettescheiben toasten, die Morchelmischung darauf verteilen und noch warm servieren.

Spargel mit Morcheln

Sowohl der weiße als auch der grüne Spargel sind die idealen Begleiter zu Morcheln. Hier ein puristisches Rezept, geeignet als große Vorspeise oder Hauptgericht. Hierzu mundet zum Beispiel ein Glas Sauvignon Blanc.

500 g frische Morcheln, 3 EL Olivenöl, 2 Zehen Knoblauch, 3 EL fein gehackte Petersilie, Salz, schwarzer Pfeffer, 1/8 l herber Weißwein, 500 g weißer Spargel, 250 g grüner Spargel, Olivenöl, Zitronenscheiben

Die gereinigten Pilze halbieren. Das Olivenöl in der Pfanne erhitzen und die Knoblauchzehen darin anrösten. Morcheln und Petersilie hinzugeben, salzen und pfeffern, mit Weißwein ablöschen und auf mäßiger Flamme ca. 25 Minuten köcheln lassen.

Während die Pilze köcheln, den weißen Spargel schälen und in viel Salzwasser kochen, je nach Stärke des Spargels zwischen 10 und 15 Minuten. Vom grünen Spargel nur die holzigen Enden entfernen, evtl. kurz abspülen, falls er sandig ist. Nun den grünen Spargel in einer Pfanne mit erhitztem Olivenöl kurz und knackig anbraten.

Beide Spargelsorten zusammen mit den Pilzen darüber auf vorgewärmten Tellern anrichten. Zum Verfeinern kalt gepresstes Olivenöl und Zitronenscheiben anbieten, dazu reichen Sie geröstete Brotscheiben.

Frittierte Salbei-Morcheln

Auszug aus der »*Kuchenmaistrey*«: »*Willst du auch ein Salbeigebackenes machen, Morchen oder aus anderen guten Kräutern. So mach einen Ausbackteig und zieh sie wohl dadurch und back sie. Du kannst sie auch füllen – das hast du wohl verstanden – leg ein Blatt über das andere und gib dazwischen gute harte gehackte Eier mit guten Gewürzen.*«

Für gefüllte Salbei-Morcheln schlagen wir eine pikante Variante vor, die sehr gut als »Leckerbissen« zum Wein passt:

Für 12 Morcheln: 12 in Olivenöl eingelegte Sardellenfilets mit einem Glas Agrest/Verjus übergießen und gut 1 Stunde marinieren. Die Morcheln sollten vorher etwa 10 Minuten vorgegart werden.

Für den Ausbackteig 250 g Weizenmehl, Prise Salz, 1 Eigelb, 150 ml Wasser mit dem Schneebesen verrühren. Langsam 200 ml Mineralwasser und anschließend 50 ml Olivenöl einrühren. 30 Minuten ruhen lassen. Dann Eischnee von zwei Eiern vorsichtig unterheben.

24 Salbeiblätter einzeln mit etwas Wasser anfeuchten und von beiden Seiten dünn mit Mehl bestäuben. Je ein Sardellenfilet zwischen zwei Blätter legen und leicht andrücken, bis die Sardelle etwas Feuchtigkeit abgibt. Die Morcheln mit den Salbei-Sardellen füllen. Eine Pfanne zum Frittieren vorbereiten, Sonnenblumenöl hineingeben und erhitzen. Morcheln in den Backteig tauchen, überschüssigen Teig abstreifen, dann ins Öl gleiten lassen. Die gut gebräunten Morcheln auf einem Küchenpapier abtropfen lassen und servieren.

»Pilze sind das Fleisch des Waldes« – so steht es geschrieben im »neuzeitlichen« Kochbuch *»Bitte zu Tisch«* von Margarete Kalle aus dem Jahre 1960 (!). Aus ihrem Buch stammt diese – sofern man die Brühe vorrätig hat – sehr schnell zuzubereitende Suppe:

Morchelsuppe

150 g frische Morcheln, 250 g Champignons, 1 Zwiebel, 50 g Butter, 40 g Mehl, 1 l Gemüsebrühe, Salz, Petersilie

Die verlesenen, gewaschenen und fein gehackten Pilze mit der klein geschnittenen Zwiebel in Butter ausreichend dünsten. Eine helle Mehlschwitze bereiten, mit Brühe auffüllen, langsam gar kochen lassen, abschmecken und mit Petersilie anrichten. Dazu kleine Schwarzbrotwürfel kurz anrösten und über der Suppe verteilen (anstatt einer Mehlschwitze kann heutzutage auch Sahne oder Crème fraîche genommen werden).

Entnommen dem *»Frau und Mutter-Kochbuch«* aus dem Jahre 1955 sind die folgenden zwei Rezepte, die beide entweder als Beilage oder Vorspeise dienen können. Die Zubereitung spiegelt die damalige Zeit wider, in der noch viel mit Einbrenn/Mehlschwitze und Mehl gekocht wurde. Interessant ist aber der Hinweis zum richtigen Anrichten der Speisen, frei nach dem Motto: Die Aufmachung macht die Speise! »Das Ei soll nicht als Pilz wirken, das Kartoffelpüree nicht zur Krinoline einer Rokokodame mißbraucht werden und die Butter soll nicht als Seerose auf einen Teich von Aspik gesetzt werden. Das sind müßige Spielereien, solche Maskeraden wirken überlebt und überdies unappetitlich.«

Morchelkartoffeln

Die geschnittenen Pilze werden mit Fett und Petersilie gedünstet. Man kocht Erdäpfel/Kartoffeln in Salzwasser, macht eine Einbrenn/Mehlschwitze, gibt die Pilze hinein und würzt nach Geschmack.

Morchelpudding

Mit 40 g Butter und 60 g Mehl mit 250 ml Milch aufgießen. Damit eine Béchamel zubereiten, ein Achtel Liter Rahm/Saure Sahne und 3 Eigelb gut unterrühren und kaltstellen. 250 g frische Morcheln in Streifen schneiden und mit Petersilie und Zwiebel in Fett ausreichend andünsten. Die abkühlte Pilzmasse mit Salz und Pfeffer würzen und Schnee von 3 Eiweiß dazugeben; dann in gefetteter, gestaubter Puddingform 45 Minuten im Dunst kochen.

In diesem historischen Rezept wurde verabsäumt, die Morchel-Eiweiß-Mischung unter die kühle Béchamel-Ei-Mischung zu rühren. Das sollten Sie noch machen, bevor Sie das Ganze über Dunst garen.

Morchelterrine

Für das Aspik: 3 EL Wasser, 3 EL weißer Portwein, 1 TL Agar-Agar
Außerdem: 1 EL Butter, 1 fein gehackte Schalotte, 300 g frische Spitzmorcheln, 100 ml weißer Portwein, Salz, schwarzer Pfeffer, 200 g Sauerrahm/Saure Sahne, 125 g Frischkäse natur, 1 EL fein gehackte Petersilie, ½ TL Agar-Agar

Für das Aspik Wasser und Portwein unter Rühren aufkochen, etwas abkühlen lassen. 1 TL Agar-Agar in etwas kaltem Wasser auflösen und unterrühren. Flüssigkeit in eine vorbereitete Terrinenform gießen und 30 Minuten kalt stellen.

Die Butter in einer Pfanne zerlassen und die Schalotten anschwitzen. Wenn diese glasig sind, die geputzten Morcheln hinzufügen. Mit dem Portwein ablöschen, würzen und 10 Minuten köcheln lassen. 10 schöne Morcheln herausnehmen, den Rest auskühlen lassen und danach fein hacken.

Rahm und Frischkäse verrühren, die gehackten Morcheln und die Petersilie untermischen. ½ TL Agar-Agar wiederum in wenig kaltem Wasser auflösen, unter Rühren aufkochen, etwas abkühlen lassen und unter die Morchelmasse mischen. Zwei Drittel der Masse auf das fertige Aspik gießen. Die beiseitegelegten Morcheln in regelmäßigem Abstand mit der Spitze nach unten in die Masse drücken. Restliche Masse darauf verteilen, glatt streichen, zugedeckt im Kühlschrank für ca. 2 Stunden fest werden lassen.

Die Terrine auf eine Anrichteplatte stürzen und zum Servieren in ca. 2 cm dicke Scheiben schneiden.

Die fertige Terrine ist einige Tage im Kühlschrank abgedeckt haltbar.

Morchelrouladen

1 Zwiebel, 50 g Griebenschmalz, 350 g frische Morcheln, 4 Tomaten (können auch aus der Dose sein), 2 EL Sahne, Salz, Paprika, gehackte Petersilie, 6 große Scheiben Räucherspeck (Tiroler Speck)

Die Zwiebel würfelig schneiden und im Griebenschmalz goldgelb andünsten. Die geputzten Morcheln und die geviertelten Tomaten zufügen. Mit Salz und Paprika kräftig abschmecken. Die Sahne unterrühren und die Petersilie mit den Pilzen vermengen.

Die Speckscheiben mit kleinen Holzspießchen zu Ringen zusammenstecken, auf eine gefettete Platte setzen und die Höhlungen mit der Pilzmasse füllen. Etwa 5 Minuten im vorgeheizten Ofen backen. Heiß servieren.

Zur Hauptspeise wird dieses Gericht mit Salz- oder Petersilienkartoffeln und grünem Salat.

Morcheln und Brennnesseln überbacken

Im Frühling sind Morcheln gemeinsam mit Brennnesseln eine leichte und frische Köstlichkeit.

300 g junge Brennnesseln, 100 g Butter, 1 Schuss Weißwein, 130 ml kräftige Rindsuppe, 50 g Mehl, 250 ml Milch, Salz, 150 g frische Morcheln, 3 Eigelb, 3 Eiweiß, 50 g geriebener Parmesan

Die Brennnesseln kurz im heißen Wasser blanchieren, kalt abspülen und kräftig ausdrücken. Fein hacken und in 20 g zerlassener Butter kurz dünsten. Mit einem Schuss Weißwein und der Rindsuppe ablöschen, 5 Minuten kochen lassen, danach mit dem Mixstab pürieren.

Für die Béchamel 30 g Butter schmelzen und unter ständigem Rühren das Mehl untermengen. Die kalte Milch und Salz zufügen. Mit dem Schneebesen verrühren, bis die Masse dick eingekocht ist. Die Brennnesselmasse unterrühren, beiseite stellen und auskühlen lassen. Die gereinigten Morcheln halbieren und in 50 g Butter anschwitzen, salzen und so lange dünsten, bis kein Wasser mehr austritt.

Eine feuerfeste Form einfetten. Die Eigelbe in die Brennnessel-Béchamel einrühren, dann die mit etwas Salz steif geschlagenen Eiweiße unterheben. Die Hälfte der Masse in die Form füllen, dann die Morcheln darüber verteilen, und die zweite Hälfte darüberstreichen. Als Abschluss dick mit Parmesan bestreuen und im vorgeheizten Ofen bei 180 °C etwa 25 Minuten backen.

Morchelrisotto

Das absolute Highlight in der Küche stellt immer ein »schlotziges« Risotto dar. Dazu fahren wir sogar bis nach Venetien, zwischen den Flüssen Po und Adige gelegen, direkt zu den italienischen Reisbauern, um dort vor Ort Risottoreis einzukaufen. Unsere favorisierten Sorten sind: Arborio, Vialone Nano oder Carnaroli. Sollten Sie nicht die Zeit haben, kurz in Italien vorbeizuschauen, findet man guten Risottoreis auch in ausgewählten Feinkostläden oder auf Märkten.

400 g frische oder 50 g getrocknete Morcheln, 1 Zwiebel, 1 Knoblauchzehe, 4 EL Olivenöl, Salz, schwarzer Pfeffer, 400 g Risottoreis, 1/8 l Weißwein, 1 l warme Gemüsebrühe, Petersilie, 50 g Butter, 150 g Parmesan

Die frischen Morcheln reinigen und halbieren. Bei Verwendung von getrockneten Morcheln diese mit lauwarmen Wasser und etwas Sahne etwa für 30 Minuten einweichen. Die Flüssigkeit, sollte sie nicht sandig sein, für das Risotto aufheben.

Zwiebel und Knoblauch fein würfelig schneiden, in einem großen Topf im Olivenöl glasig anschwitzen und mit Salz und Pfeffer würzen. Den Reis hinzugeben und etwas anziehen lassen. Mit dem Weißwein (und dem Einweichwasser) ablöschen. Dann beginnt die übliche Risotto-Prozedur: nach und nach immer wieder unter ständigem Rühren die Brühe hinzugeben. Es dauert etwa 15 bis 20 Minuten, bis der Reis al dente gekocht ist. Sobald der Reis zu quellen anfängt, Morcheln und gehackte Petersilie ins Risotto rühren. Gegen Ende der Kochzeit die Hitze reduzieren, die Butter und ordentlich geriebenen Parmesan unterheben. Das Ganze noch etwas ziehen lassen,

Pfeffer aus der Mühle darüberstreuen und in großen Pasta-Tellern servieren. Passend dazu muss ein Glas Weißwein kredenzt werden, üblicherweise nimmt man zum Kochen und Trinken denselben guten Wein. Ein Gelber Muskateller oder Riesling harmoniert bestens.

Tagliatelle mit Huhn in dunkler Morchel-Bier-Sauce

Für die Biersauce verwenden wir für dieses Rezept – nomen est omen – das Hirter Morchl. Produziert wird dieses dunkle Bier von der Kärntner Brauerei in Hirt bei Friesach. Durch das dunkle Braumalz und das enthaltene Karamellmalz im Bier erhalten wir nicht nur eine verführerische Farbe, sondern auch einen angenehm süßen, malzbetonten Geschmack.

500 g Hühnerbrustfilet in Würfeln, 2 gehackte Knoblauchzehen, 1 EL Zitronensaft (und ein paar Spritzer für das Spargelkochwasser), 1 EL gehacktes Basilikum, 250 ml dunkles Bier, 300 g weißer Spargel, 1 TL Zucker, 300 g geputzte frische Morcheln in Scheiben, 2 EL Butter, 2 EL gehackte Petersilie, 50 ml Hühnersuppe, evtl. etwas Maisstärke, Parmesan, Salz, schwarzer Pfeffer

Vor dem eigentlichen Kochen wird das Huhn mariniert. Dazu die gewürfelte Hühnerbrust mit einer gehackten Knoblauchzehe, dem Basilikum, Zitronensaft und der Hälfte des Biers in einen Frischhaltebeutel geben. Das Ganze für etwa 2 Stunden im Kühlschrank lagern.

Den weißen Spargel schälen und die holzigen Enden abschneiden. Zart kochen und auskühlen lassen. Es empfiehlt sich, ins Spargelkochwasser ein paar Spritzer Zitronensaft und 1 Teelöffel Zucker zu geben, damit der Spargel nicht bitter wird.

Die vorbereiteten Morcheln in 1 Esslöffel Butter gemeinsam mit Knoblauch sowie der Petersilie weich dünsten. Nun die marinierten Hühnerbrustwürfel mit den Morcheln anbraten. Dann den Spargel in ca. 3 cm lange Stücke schneiden, ebenfalls in die Pfanne geben. Alles aufkochen lassen und mit der Hühnersuppe sowie dem restlichen Bier aufgießen. Mit Maisstärke verdicken, falls nötig.

Schön ist es natürlich, wenn man genügend Zeit aufwendet und die Nudeln mit der Nudelmaschine selbst zubereitet. Sonst kauft man gute fertige Nudeln im Feinkostladen. Die Nudeln al dente kochen, restliche Butter unterrühren und in tiefen Pasta-Tellern anrichten. Die Huhn-Morchel-Bier-Sauce über die Nudeln verteilen. Auf Wunsch etwas Parmesan darüberreiben.

Canelloni mit Morcheln und Zitronenmelisse-Ricotta-Sauce

200 g frische Morcheln oder 50 g getrocknete Morcheln, 1 Knoblauchzehe, frische Zitronenmelisse, 200 g junger Spinat, 3 EL Olivenöl, Salz, schwarzer Pfeffer, 500 g Ricotta, 12 Canelloni, 1 EL Brühe, 200 ml Schlagsahne, 20 g Parmesan, frisch gerieben

Die geputzten Morcheln je nach Größe halbieren oder vierteln. Den Knoblauch und die Zitronenmelisse fein hacken. Die Spinatblätter handverlesen, waschen und trocken tupfen. 1 Esslöffel Olivenöl in einer Pfanne erhitzen, den Spinat 2 bis 3 Minuten darin andünsten und anschließend mit Salz und Pfeffer würzen. Den Spinat abtropfen lassen und fein hacken.

In einer zweiten Pfanne das restliche Olivenöl erhitzen, die Morcheln 5 bis 10 Minuten darin andünsten und anschließend mit Salz und Pfeffer würzen. Am Ende der Kochzeit den Knoblauch untermischen.

Den Backofen auf 180 °C vorheizen.

Die Morcheln und den Spinat gemeinsam mit 400 g Ricotta in einer Schüssel vermengen.

Die Canelloni zwei Minuten in Salzwasser kochen und anschließend unter kaltem Wasser abschrecken. Die Canelloni nun mit der Pilz-Spinat-Ricotta-Masse füllen. 400 ml Wasser mit der Brühe zum Kochen bringen. Die Schlagsahne dazugeben und das Ganze auf die Hälfte einkochen lassen, dann die fein gehackte Zitronenmelisse unterrühren. Den restlichen Ricotta hinzufügen, mit dem Mixstab pürieren, Masse mit Salz und Pfeffer abschmecken.

Die gefüllten Canelloni in eine gefettete Auflaufform schichten, die Sahnesauce darüber verteilen und den geriebenen Parmesan darüberstreuen. Die Canelloni 20 bis 25 Minuten überbacken.

Morchel-Kohlrabi-Lasagne

Lasagne einmal anders – ganz ohne Nudeln und fast gesund.

Für die Béchamelsauce: ¼ l Milch, 1 EL Butter, Salz, schwarzer Pfeffer, Muskatnuss, 1 EL Mehl
4 mittelgroße Kohlrabis, 150 g frische Morcheln, Olivenöl, 4 Scheiben Scamorza oder Gouda, 2 Scheiben gekochter Schinken

Für die Béchamelsauce die Milch mit der Butter aufkochen und mit Muskatnuss, Salz und Pfeffer würzen. Das Mehl zugeben, glatt rühren und nach nochmaligen Aufkochen beiseite stellen.

Die Kohlrabis von Strunk und Blättern befreien, schälen und horizontal in dünne Scheiben schneiden. Große Morcheln halbieren.

Die Kohlrabischeiben in leicht gesalzenem Wasser bissfest kochen; danach in kaltem Wasser abschrecken und gut abtropfen lassen. Den Backofen auf 180 °C vorheizen. Die Morcheln 5 bis 10 Minuten in Olivenöl andünsten und abschließend mit Salz und Pfeffer würzen.

Die Kohlrabischeiben abwechselnd mit den Morcheln und der Béchamelsauce in einer mit Öl ausgepinselten Pfanne oder feuerfesten Form aufeinanderschichten. Zuletzt mit den Käsescheiben belegen und backen, bis der Käse geschmolzen ist.

Den Schinken in dünne Streifen schneiden und in einer beschichteten Pfanne rösten. Die fertige Lasagne auf vorgewärmte Teller setzen und mit den Schinkenstreifen bestreuen.

Morchelravioli mit grünem Spargel

Morcheln und Spargel haben nahezu dieselbe Saison, schon deshalb müssen die beiden Produkte einfach harmonisch zusammenpassen. Lassen Sie es sich im Frühling nicht entgehen, beide mindestens einmal in einem Gericht zu vereinen.

Für den Nudelteig: 200 g griffiges Mehl (Dunstmehl), 2 Eier, 1 EL Olivenöl, Salz
Für die Morchelfüllung: 1 Schalotte, 50 g gekochter Schinken, 60 g Butter, Thymianzweig, 100 g frische, kleine Morcheln, 1 EL trockener Sherry, 1 EL Zitronensaft (plus 1 Spritzer für das Spargelkochwasser), Salz, schwarzer Pfeffer, 250 ml Sahne
Außerdem: 50 g Crème fraîche, 20 g geriebener Parmesan, 8 Stangen grüner Spargel, Prise Zucker, Kerbel und Thymian zum Garnieren

Für den Teig alle Zutaten zu einer geschmeidigen Masse verkneten und 2 Stunden kühl ruhen lassen. Danach den Teig dünn ausrollen, 8 Kreise mit 10 cm Durchmesser ausstechen und in Salzwasser blanchieren.

Für die Füllung Schalotte und Schinken klein hacken und in 30 g Butter anrösten. Die geputzten, klein gehackten Morcheln und den Thymianzweig dazugeben, anbraten, bis die Morcheln weich sind. Mit dem Sherry und Zitronensaft ablöschen. Würzen und mit der Sahne aufgießen. Weitere 30 g Butter untermontieren und köcheln lassen.

Den Backofen auf 180 °C vorheizen.

Vier Raviolikreise in einer Auflaufform legen, je ein Häufchen der Morchelsahne daraufgeben und mit den weiteren Kreisen abdecken und die Ränder zusammendrücken. Crème fraîche und den Parmesan verrühren. Alle Ravioli damit bedecken. Im Ofen etwa 10 Minuten überbacken.

Vom grünen Spargel holzige Enden abschneiden und in Salzwasser mit einer Prise Zucker und einem Spritzer Zitronensaft 10 Minuten garen.

Die Morchelravioli jeweils mit zwei Stangen Spargel anrichten und mit den Kräutern garnieren.

Schottisches Lachsfilet mit Pastinakenpüree und Whisky-Morchel-Birnen

Mit diesem Rezept lebe ich die Liebe zur schottischen Küche und ebensolchen Spirituosen aus. Die Morchel, vor allem die Speisemorchel, ist auch auf der größten europäischen Insel zu finden und wurde im April 2013 sogar zum Pilz des Monats gekürt *(Dick Peebles/Fungus of the month)*.

Für das Püree: 2 geschälte und fein gehackte Pastinaken, 200 ml Milch, 70 g Crème fraîche, 40 g Butter, Salz und schwarzer Pfeffer aus der Mühle
Für die Birnen:
150 g Puderzucker, 150 g Butter, 150 ml Wasser, 4 geschälte Birnenhälften mit Stängel, 10 ml Single Malt Whisky
Außerdem: 300 g frische Morcheln, 600 g schottisches Wildlachsfilet, etwas Olivenöl, Kräuter für die Garnitur

Die Pastinaken in der Milch gemeinsam mit der Crème fraîche aufkochen. Bei halber Hitze köcheln lassen, bis die Pastinaken weich sind (etwa 20 Minuten). Mit einem Kartoffelstampfer zerdrücken, Butter unterrühren und mit den Gewürzen abschmecken.

Für die Birnen Zucker und Butter in einen kleinen Topf geben, Wasser dazugeben und aufkochen. Die Hitze reduzieren und die Birnenhälften beigeben. Köcheln, bis die Birnen schön weich sind (etwa 20 Minuten). Dann die Birnen mit dem Whisky beträufeln und flambieren. Sobald sich der Alkohol verflüchtigt hat, die Birnenhälften auf einen Teller geben und auskühlen lassen.

Die gereinigten Morcheln in Viertel schneiden, im Birnen-Whisky-Sud andünsten und eindicken lassen.

Das Lachsfilet in vier gleich große Stücke schneiden und in einer Pfanne mit Olivenöl auf der Hautseite bräunen lassen. Dann den Fisch für etwa 10 Minuten bei 80 °C Umluft im Ofen fertig garen. Die Lachsfilets auf vorgewärmten Tellern auf das Püree setzen und mit frischen Kräutern garnieren. Die Birnenhälften daneben anrichten und mit der eingedickten Birnen-Morchel-Sauce übergießen.

Seeteufelmedaillons mit Morcheln und Fenchelschaum

40 g getrocknete Morcheln, 600 g Seeteufel, 30 ml Sahne, 1 Bio-Zitrone, schwarzer Pfeffer, Meersalz, Olivenöl
Für den Fenchelschaum: 1 Zweig frischer Thymian, Meersalz, 1 großer Fenchel, Olivenöl, 100 ml trockener Weißwein oder 50 ml Pastis, 1 Eigelb, 100 ml Gemüsefond, 50 ml Sahne, 1 Bio-Orange

Die getrockneten Morcheln für etwa 60 Minuten in lauwarmem Wasser einweichen. Den Seeteufel in vier gleich große Stücke schneiden, unter kaltem Wasser abspülen und trocken tupfen. Abrieb der Zitrone mit Pfeffer, etwa 1 TL Meersalz und 2 EL Olivenöl vermischen. Die Medaillons darin marinieren und kalt stellen.

Den Thymian abgezupften und im Mörser mit etwas Meersalz zerstoßen. Den geputzten Fenchel in kleine Würfel schneiden und in gesalzenem Wasser weich kochen. Die Würfel abseihen und pürieren. Den zerstoßenen Thymian und etwas Olivenöl ins Püree rühren.

Danach alles durch ein feines Sieb passieren.

Weißwein oder Pastis und etwas Wasser aufkochen, 3 Prisen Meersalz sowie das Fenchelpüree hinzufügen. Alles durch ein feines Sieb passieren. Nun die Fenchel-Mischung über einem Wasserbad mit Eigelb, Gemüsefond und Sahne mit dem Handrührgerät so lange aufschlagen, bis sie schaumig wird. Dabei nicht kochen!

Kurz vor dem Servieren die Seeteufel-Medaillons zubereiten. Dafür etwas von der Marinade in die heiße Pfanne geben und die Medaillons pro Seite 2 Minuten scharf anbraten, herausnehmen und in Alufolie warm halten. Die Hitze reduzieren, die eingeweichten Morcheln in die Pfanne geben, Sahne Beifügen und etwa 10 Minuten ziehen lassen. Mit abgeriebener Orangenschale

Salz und Pfeffer abschmecken. Die Medaillons und Morcheln anrichten, den Fenchelschaum neben den Seeteufel verteilen.

Dieses feine Gericht schmeckt ganz ohne Beilage.

Geschmortes Huhn mit Morcheln

1 ganzes Huhn (ca. 1 kg), Rapsöl, 70 g Butter, 2 Schalotten, 2 EL Cognac oder Whisky, 1 Glas Hühnerfond, 300 g frische Morcheln, Salz, schwarzer Pfeffer, 250 g Crème fraîche, frische Petersilie

Das Huhn in Stücke teilen und in einem Topf in Rapsöl und Butter gleichmäßig von allen Seiten braun anbraten. Die Schalotten hacken und zu den Hühnerteilen geben. Das Ganze mit Alkohol flambieren, dann den Fond und die gereinigten Morcheln hinzufügen. Salzen, pfeffern und zugedeckt 45 Minuten schmoren lassen. Gegen Ende der Kochzeit den Deckel abnehmen, damit die Flüssigkeit einkochen kann. Die Sauce mit der Crème fraîche binden. Vor dem Servieren mit gehackter Petersilie bestreuen. Dazu passt entweder ein feines Kartoffelpüree oder auch eine cremige Polenta.

Filetsteaks vom Rind mit gratinierten Jakobsmuscheln und Morcheln

240 g frische Morcheln, Olivenöl, 30 g geriebene Walnüsse, kalte Butter, 600 g Rinderfilet, 4 frische Jakobsmuscheln, Salz, schwarzer Pfeffer

Die geputzten frischen Morcheln in Scheiben schneiden und in einer Pfanne mit etwas Olivenöl etwa 10 Minuten andünsten. Danach die geriebenen Walnüsse unterrühren, würzen und mit einem Klacks kalter Butter montieren. Den Backofen auf 180 °C vorheizen und ein Blech mit Backpapier auslegen.

Das Rinderfilet in vier gleich große, mindestens 2 cm dicke Steaks schneiden. Eine beschichtete Pfanne stark erhitzen (sie soll wirklich heiß sein, damit sich alle Fleischporen so schnell wie möglich schließen). Nun die Steaks ohne Zugabe von Fett etwa 2–3 Minuten pro Seite scharf anbraten. Um zu prüfen, ob das Fleisch fertig ist, drücken Sie mit dem Bratgutheber auf das Fleisch – wenn noch etwas Fleischblut austritt, ist es passend. Die Steaks sollten medium-rare sein. In Alufolie wickeln und ruhen lassen.

Die Jakobsmuscheln waschen, trocken tupfen und in derselben Pfanne etwa 1 Minute pro Seite scharf anbraten. Die Muscheln auf das Backblech legen und mit der Morchel-Nuss-Masse bedecken. Bei Oberhitze etwa 8–10 Minuten gratinieren.

Danach die Steaks anrichten und je eine gratinierte Muschel daraufsetzen. Als Beilage kann man Baguette servieren.

Mit Morcheln gefüllte Rindsrouladen und Rahmwirsing

Die Rouladen werden aus der Ober- oder Unterschale der Keule, also aus dem oberen Bereich der Hüfte vom Rind geschnitten. Mit dem frischen Wirsing als Beilage entsteht so ein herrliches Gericht.

Für die Rouladen: 100 g frische Spitzmorcheln, 1 Zwiebel, 1 Bund Petersilie, 2 EL Sonnenblumenöl, 50 g Speckwürfel, Salz, schwarzer Pfeffer, 500 g Rindfleisch (aus der Ober-/Unterschale)
Für den Rahmwirsing: 600 g Wirsing, 1 Zwiebel, 1 Knoblauchzehe, 2 EL Sonnenblumenöl, Weißwein, 100 ml Gemüsebrühe, 125 ml Sahne, Salz, schwarzer Pfeffer, Muskatnuss

Die geputzten Morcheln sehr klein schneiden, ebenso die Zwiebel. Den Bund Petersilie klein hacken. In einer Pfanne die Zwiebeln im Öl glasig anschwitzen. Die Speckwürfel und die Morcheln dazugeben und mindestens 5 Minuten mitbraten. Jetzt die gehackte Petersilie hinzufügen und mit Salz und Pfeffer würzen. Vom Herd nehmen.

Den Ofen auf 170 °C vorheizen.

Für die Rouladen das Fleisch in vier Stücke schneiden und unter einer Klarsichtfolie flach klopfen. Die Morchelmasse auf die Rouladen streichen, zusammenrollen und mit Zahnstochern zusammenstecken oder mit Küchengarn binden. Im Ofen etwa 40 Minuten garen. Ab und zu wenden.

Für den Rahmwirsing den Wirsing waschen, den Strunk entfernen und die Blätter in Streifen schneiden. Zwiebel und Knoblauch fein würfeln, in einer Pfanne mit dem Sonnenblumenöl anschwitzen. Den Wirsing zugeben und mitdünsten. Mit dem Weißwein ablöschen und dann mit der Brühe aufgießen. Den Wirsing etwa 10 Minuten bei reduzierter Hitze einkochen lassen. Dann die Sahne unterrühren und mit den Gewürzen abschmecken.

Die fertigen Rouladen schräg in je zwei Hälften schneiden und auf einem vorgewärmten Teller mit dem Rahmwirsing anrichten. Falls noch eine Beilage benötigt wird – großer Hunger vorausgesetzt – sind Salzkartoffeln oder auch ein einfaches Kartoffelpüree passend.

Maibock mit Morchel-Spargel-Ragout

Der Maibock ist etwa 1 Jahr alt und das zarteste Rehfleisch. Wir nehmen es hier für ein beliebtes Rezept aus Niederösterreich. Für die vegetarische Version einfach das Fleisch weglassen, Spargel mit Morcheln alleine schmecken hervorragend.

600 g weißer Spargel oder Spargelbruch, Salz, 1 TL Zucker, etwas Zitronensaft, 50 g frische Morcheln oder 5 g getrocknete Morcheln, 50 g Schalotten, 30 g Butter, 20 g glattes Mehl, 250 ml Schlagsahne, schwarzer Pfeffer, Muskatnuss, 8 Rehrücken-Medaillons vom Maibock, 3 EL Rapsöl, je 2 Rosmarin- bzw. Thymianzweige

Den Spargel waschen, schälen und die holzigen Enden abschneiden. Die Spargelstangen bzw. den Spargelbruch in gleich große Stücke schneiden (etwa 5 cm) und in Wasser, versetzt mit Salz, Zucker und etwas Zitronensaft, aufkochen. Etwa 15 Minuten ziehen und danach abtropfen lassen. Vom Spargelfond etwa 500 ml abgießen und beiseite stellen.

Den Backofen auf 170 °C vorheizen.

Die geputzten bzw. eingeweichten Morcheln in feine Scheiben schneiden. Schalotten fein würfelig schneiden, diese mit den Morcheln in einer Pfanne mit Butter glasig anlaufen lassen. Das Mehl unterrühren sowie den Spargelfond. Die Schlagsahne dazugeben und einmal aufkochen lassen. Spargel in die Sauce geben. Mit Salz, Pfeffer und Muskatnuss würzen, vom Herd nehmen und warm halten.

Die Maibock-Medaillons in einer Pfanne mit erhitztem Rapsöl beidseitig kräftig anbraten. Die Kräuterzweige dazugeben und im Ofen ca. 9 bis 10 Minuten braten. Nach der Hälfte der Garzeit die Medaillons einmal wenden. Die Medaillons aus dem Ofen nehmen und mit Alufolie zugedeckt rasten lassen.

Den Maibock mit dem Morchel-Spargel-Ragout anrichten, das Fleisch mit Meersalz und grobem schwarzem Pfeffer würzen, ein paar kleine Kräuterzweige als Dekoration dazugeben.

Hirsch in Morchelsauce

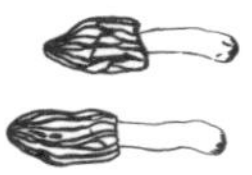

Inspiriert ist dieses Rezept von Antonio Carluccio, dem italienischen Feinschmecker, der im Besonderen die Morchel als Spezialität lobt. Um sicherzustellen das zarteste Fleisch zu verwenden, sollten Sie Filet kaufen, das aber leider auch die teuerste Variante ist. Die Morchelsauce lässt sich auch sehr gut mit Fisch kombinieren.

500 g dicke Hirschmedaillons (oder Rehrücken),
2 EL Olivenöl extra vergine
Für die Marinade: 3 EL natives Olivenöl extra, 1 EL Balsamicoessig, 1 fein gewürfelte Karotte, 1 fein gewürfelte Selleriestange, 1 fein gewürfelte Zwiebel
Für die Morchelsauce: 2 kleine, sehr fein geschnittene Zwiebeln, 100 g Butter, 30 g getrocknete Morcheln (in etwas warmem Wasser für 30 bis 60 Minuten eingeweicht), 2 EL Balsamicoessig, 4 EL trockener Sherry, 6 EL Sahne, Salz und Pfeffer

Die Zutaten für die Marinade vermischen und das Wild am Vortag in einer Schüssel darin einlegen. Das Gemüse aus der Marinade kann weiterverwendet werden.

Für die Sauce die Zwiebeln in der Butter glasig braten. Die eingeweichten Morcheln für 15 Minuten kochen, dann den Balsamicoessig, Sherry, Sahne hinzufügen und mit etwas Salz und Pfeffer würzen.

Die Medaillons aus der Marinade nehmen und mit Salz und Pfeffer würzen. Diese dann 3 Minuten auf jeder Seite in Öl braten, bis sie außen braun sind, innen sollten sie leicht rosa sein. Zum Anrichten die Morchelsauce über die Medaillons löffeln und gleich servieren. Als perfekte Begleitung bietet sich eine cremige Polenta an.

Desserts aus Morcheln zu kreieren – das stellt zweifellos eine große Herausforderung dar. Es war uns durchaus das eine oder andere Rezept bekannt, jedoch nur im Zusammenhang mit Eierschwammerln oder Steinpilzen und meist nur in Kombination mit Alkohol (eingelegt in diesem) oder mit Zucker (in karamellisierter Form). Zuallererst haben wir daran gedacht dieses Kapitel überhaupt auszulassen. Wir wollten unsere Leser und Leserinnen nicht mit erzwungenen, nicht durchdachten Rezepten beglücken. Nach einiger Recherche und zahlreichen Gedanken- und Kochexperimenten ist uns dann doch die Zusammenstellung einer kleinen Auswahl gelungen.

Morchel-Pinienkern-Parfait mit gebackener Rosmarin-Rum-Ananas

10 g getrocknete Morcheln (ca. 6 mittelgroße Köpfe), 200 ml Sahne, 50 g Butter zum Garen (und einige Butterflocken), 2 EL Pinienkerne, 2 Eigelb, 100 g Zucker, 1 Ananas, 150 ml Havana-Rum, 2 Rosmarinzweige

Die Morchelköpfe mit heißem Wasser überbrühen und mit etwa einem Viertel der kalten Sahne übergießen. Die Morcheln mindestens eine halbe Stunde weichen lassen. Dann die Morcheln herausnehmen und sehr fein schneiden, für etwa 10 Minuten in Butter garen und auskühlen lassen. Die Einweichflüssigkeit wieder zur übrigen Sahne geben.

In der Zwischenzeit die Pinienkerne in einer Pfanne ohne Fett leicht bräunen, danach auf einem Brett auskühlen lassen und mit einem großen Messer fein hacken.

Für das Parfait die Eigelbe mit dem Zucker schaumig aufschlagen, dann die geschlagene (Morchel-)Sahne unterheben. Nun die Morcheln und Pinienkerne vorsichtig unter die Masse ziehen. Eine Pasteten- oder Parfaitform mit Klarsichtfolie auslegen und die Parfaitmasse eingießen. Das Ganze am besten über Nacht im Tiefkühlfach lassen.

Den Ofen auf 200 °C vorheizen. Die Ananas schälen und vom Strunk befreien (es gibt für diesen Zweck ein sehr nützliches Küchengerät). Dabei alle holzigen »Augen« herausschneiden. Die Ananas in gleich große Stücke schneiden, diese in eine feuerfeste Form füllen, den Rum darübergießen, mit Puderzucker bestreuen, Butterflocken und Rosmarinzweige darauflegen. Etwas vom frischen Rosmarin für die Dekoration zurückbehalten. Ananas im Ofen für etwa 30 Minuten garen. Parfait aus dem Kühlfach geben, antauen lassen, damit sich das Pilzaroma besser verbreiten kann, und mit den Ananas servieren. Mit Rosmarinnadeln garnieren

Morchelcrêpes mit selbstgemachter Marillenmarmelade

Für den Crêpeteig: 15 g getrocknete Morcheln, 50 ml Sahne, 10 g Butter (und Butter zum Ausbacken), 1 Ei, 40 g Mehl, 5 g Zucker, Marillenmarmelade (Aprikosenkonfitüre, am besten selbst gemacht)

Die Morcheln in wenig heißem Wasser und der Sahne einweichen. Dann die Morcheln sehr fein hacken, für etwa 10 Minuten in Butter garen und auskühlen lassen. Die Einweichflüssigkeit für den Teig verwenden. Für diesen Einweichflüssigkeit, Ei, Mehl und Zucker mit einem Schneebesen verrühren. Die Morcheln in den Teig rühren. In einer Pfanne etwas Butter zerlassen und aus dem Teig jeweils dünne Crêpes backen. Die fertigen Crêpes im Ofen warm halten. Zum Anrichten die Crêpes dünn mit Marmelade bestreichen, einrollen, mit Puderzucker bestreuen und sofort servieren. Dazu empfehlen wir einen Eiswein (Süßwein) aus dem Burgenland. Wer es ganz fein mag, kann noch eine Kugel Vanilleeis zu den Crêpes servieren.

Erdbeer-Spargel-Salat mit Morchel-Zibibbo-Zabaione

Der Zibibbo mit einem Alkoholgehalt von ca. 16 % vol. stammt aus Sizilien und ist ein traditioneller Likörwein. Er wird aus getrockneten Zibibbo- und Moscato-Trauben hergestellt. Mit hellem Strohgelb im Glas, intensiv fruchtig duftend, eignet sich dieser Süßwein hervorragend zu Desserts oder zu Cantuccini. Ein kleines Glas sollte sich die Köchin/der Koch im Vorhinein gönnen, dann gelingt das Rezept umso besser.

Für die Zabaione: 20 g getrocknete Morcheln 4 Eigelb, 50 g Zucker, 100 ml Zibibbo
Für den Salat: 500 g Erdbeeren, 1 TL Zucker, Zitronensaft, 100 g weißer Spargel, 1 Bund frische Schokoladenminze, abgeriebene Zesten einer unbehandelten Zitrone

Die Erdbeeren putzen, waschen und vierteln. Mit einer Prise Zucker und etwas Zitronensaft marinieren und kalt stellen. Den Spargel schälen und in einem Topf mit heißem Wasser, einem Schuss Zitronensaft und einem Löffel Zucker bissfest kochen. Danach auskühlen lassen, in feine Rauten schneiden und zu den Erdbeeren geben. Die Minze waschen, fein hacken und mit den Erdbeeren und Spargel vermischen. Etwas Zitronenzesten darüberreiben und das Ganze ziehen lassen.

Die Morcheln in 350 ml lauwarmem Wasser mindestens 30 Minuten einweichen. Die Morcheln können für ein anderes Rezept verwendet werden. Das Einweichwasser abgießen und auf ein Viertel der Menge einkochen lassen. Die Eigelbe mit dem Zucker verrühren, danach den Süßwein und die Morchelreduktion dazugeben. Jetzt die Creme über einem heißen Wasserbad mit dem Handrührgerät schaumig schlagen, bis sich das Volumen verdreifacht hat. Die fertige Zabaione gleich mit dem Salat anrichten und servieren. Mit etwas Minze dekorieren.

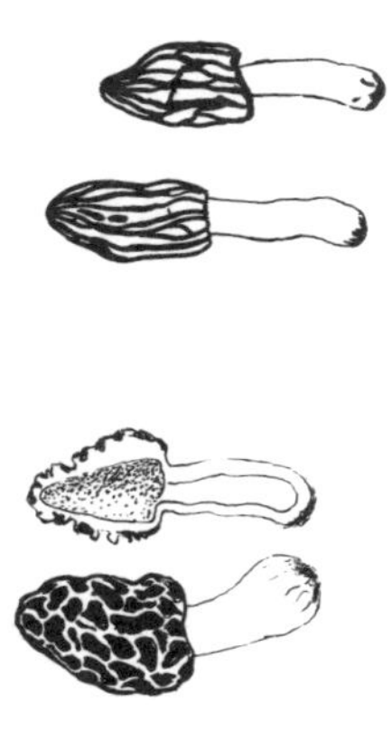

EINGESPIELTES NACHWORT

Beim Kochen sind alle Sinne gefordert. Üblicherweise werden in vielen Kochbüchern zu den angeführten Rezepten gerne begleitende Getränkeempfehlungen angeboten. Das halten wir in der Regel auch so, bzw. schließen wir gerne diese Getränke in den Kochprozess mit ein.

Hier erhalten Sie aber außerdem eine Musikempfehlung, passend zur Zubereitung von Pilzgerichten, explizit zu den Morchelrezepten: die *»Mushroom Cantata«* von Lepo Sumera (1950–2000). Er war einer der begabtesten und vielseitigsten Komponisten Estlands, ein hochgeschätzter Symphoniker und ein Pionier der elektroakustischen und Computermusik. Der für die Seenekantaat (Mushroom Cantata, 1979–83) verwendete Text besteht zur Gänze aus den lateinischen Bezeichnungen von Pilzen. Und sie hat eine Widmung: »Diese Kantate ist denen gewidmet, die Pilze lieben« *(Hoc cantatum dedicatum est eis, qui fungos amant).* Über seine Pilz-Kantate schrieb Sumera: »1977 kam ich in engeren Kontakt mit Pilzen und ihrem Innenleben. Damals entdeckte ich zu meinem großen Erstaunen eine Tatsache: Musik kann die Texte ihrer poetischen Intimität berauben. So entschied ich mich, meinen Text nicht in einem Gedichtband zu suchen. Wir verwendeten stattdessen in der Kantate die lateinischen Namen von Pilzen, die in Estland heimisch sind« (Auszug, adaptiert ins Deutsche von Horst A. Scholz).

Der Titel eines jeden Satzes der Kantate bezieht sich auf besondere Pilzarten. Das Frühlingslied im ersten Satz bezieht sich dabei auf die Frühlingssorten, in unserem Fall natürlich auch auf *Morchella conica* und *Morchella esculenta* (erschienen bei BIS Records 2005, www.bis.se).

Wir wünschen ein angeregtes Nachkochen!

EIN BESONDERER DANK

gilt Simons Frau, Gabriele Schabl, die vor allem im Kapitel Nachspeisen für Ideen und Inspirationen gesorgt hat. Sie hat so manches Dessert zubereitet und willigen, später begeisterten Gästen zur Probe und Bewertung serviert.

DIE AUTOREN

Simon Drabosenig, kulinarischer Autor und Gründer der Robert Burns Society Austria in Wien. Im Mandelbaum Verlag erschien *»Haggis, Whisky & Co«* – ein schottisches Kochbuch mit Gedichten von Robert Burns. Seine Pilzleidenschaft entdeckte er im Rahmen eines gemeinsamen Sommerjobs mit Co-Autor Günter Mischkulnig bei der Firma »Frischpilze«. Als begeisterte Pilzhändler in München durften sie so renommierte Köche wie Eckard Witzigmann vom »Aubergine« oder Hans Haas vom »Tantris« zu ihren Kunden zählen.

Günter Mischkulnig, Autor des wissenschaftlichen Teils und langjähriges Mitglied der Österreichischen Mykologischen Gesellschaft. Er stammt wie Co-Autor Simon Drabosenig aus Kärnten, ist ein leidenschaftlicher Pilzjäger und geht in jeder freien Minute auf Pilzsuche. Sein Know-how verschaffte er sich durch die jahrelange Erfahrung als Händler von edlen Wildpilzen, das intensive Studium von Fachliteratur und zahlreiche Pilzexkursionen.

LITERATUR UND QUELLENVERWEISE

Berner Fachhochschule: Amour fou – Pilze zum Dessert, Thun/Gwatt 2015

Bertram Heinz-Wilhelm: www.passion-pilze-sammeln.com/morcheln.html, Bayern 2016

Bötticher Werner, Technologie der Pilzverwertung, Stuttgart 1974

Carluccio Antonio: Goes Wild – 120 recipes for wild food, London 2001

Die Botanik der Geschichte und Literatur, Zweither Teil, Bamberg 1813

Flammer René /Horak Egon: Giftpilze-Pilzgifte, Kosmosverlag, Stuttgart 1983

Freidinger Prof. Dr. Ludwig: Tintling, Heft 3/2004

Frenzel Ralf: Pilzküche – Wald & Wiesen Pilze, Wiesbaden 2015

Gerber Heinz: Faszination Morchel, Schwaderloch 2015

Gööck Roland : Das große neue Kochbuch, Gütersloh 1966

Houdou Gérard, Das große Buch der Pilze in Wald und Flur, Rastatt 1997

Kalle Margarete: Bitte zu Tisch! Ein neuzeitliches Kochbuch, Düsseldorf 1960

Kernhofer Christa: Das Frau und Mutter-Kochbuch, Wien 1955

Kompaktes Wissen für Schule und Studium, www.bio-schule.de, Köln 2016

Lohmeyer Till Reinhard/Labhardt Felix: Faszination Pilze, München 2001

Lonik Larry: The Curious Morel, 4th edition, Mechanicsburg 2012

Löbell Gertrud, Eberhard: Spargel, Neustadt 2006

Magnus Albertus: De vegetabilibus, Buch VI, Traktat 2 lateinisch – dt. von Klaus Biewer. Stuttgart 1992

Pilzbegegnungen, ein Streifzug durch das Reich der Pilze, Roth 1998

Rossmeissl Rudolf/Landkreis Roth (Hg.): Pilzbegegungen, Hilpoltstein 1998

Sanders Michael: Fresh from Maine, Portland 2010

Schaechter Elio: In The Company Of Mushrooms, Harvard 1997

Schmid Helmuth/Helfer Wolfgang: Pilze, München 1995

Stamets Paul: Growing Gourmet and Medicinal Mushrooms, 3rd edition, Berkeley Toronto 2000

Stamets Paul: Mycelium Running, Berkeley Toronto 2005

Till Susanne, Walter: Pilze sammeln, kochen, genießen, St. Pölten 2002
Ulbrich Eberhard: Eßbar oder giftig?, Berlin 1937
Wurth Magdalena und Herbert: Pilze selbst anbauen, Innsbruck 2015

REZEPTVERZEICHNIS